AF320470

Abdelhafid Mimouni

# Espectroquímica descodificada: Grupos duplos e suas aplicações

**Abdelhafid Mimouni**

# Espectroquímica descodificada: Grupos duplos e suas aplicações

**ScienciaScripts**

**Imprint**

Any brand names and product names mentioned in this book are subject to trademark, brand or patent protection and are trademarks or registered trademarks of their respective holders. The use of brand names, product names, common names, trade names, product descriptions etc. even without a particular marking in this work is in no way to be construed to mean that such names may be regarded as unrestricted in respect of trademark and brand protection legislation and could thus be used by anyone.

Cover image: www.ingimage.com

This book is a translation from the original published under ISBN 978-620-6-71630-3.

Publisher:
Sciencia Scripts
is a trademark of
Dodo Books Indian Ocean Ltd. and OmniScriptum S.R.L publishing group

120 High Road, East Finchley, London, N2 9ED, United Kingdom
Str. Armeneasca 28/1, office 1, Chisinau MD-2012, Republic of Moldova, Europe
Printed at: see last page
ISBN: 978-620-7-89764-3

Copyright © Abdelhafid Mimouni
Copyright © 2024 Dodo Books Indian Ocean Ltd. and OmniScriptum S.R.L publishing group

# Espectroquímica descodificada: Grupos duplos e suas aplicações

**Autor**: O Dr. Abdelhafid Mimouni é um investigador independente especializado em química de sistemas bioinorgânicos, com vasta experiência em síntese e caraterização macromoleculares. Obteve o seu doutoramento em química na Universidade de Paris XII em 1997 e um Diplôme d'Études Approfondies em sistemas bioinorgânicos na Universidade de Paris XI em 1993.

## Resumo:

A espectroquímica é um domínio científico essencial que estuda a interação entre a luz e a matéria a nível molecular. Através de várias técnicas, como as espectroscopias de infravermelhos, Raman, UV-Vis, RMN e outras, permite uma análise detalhada das estruturas moleculares, transições electrónicas e vibrações moleculares. A teoria dos grupos desempenha um papel crucial na classificação dos estados quânticos e na previsão das transições espectroscópicas com base nas simetrias moleculares. Esta disciplina tem uma vasta gama de aplicações, desde a caraterização de materiais à monitorização ambiental e ao controlo de qualidade farmacêutico. A espectroquímica está em constante evolução, explorando técnicas novas e emergentes, e promete continuar a alargar as fronteiras da investigação científica e da inovação tecnológica, contribuindo para a nossa compreensão e impacto no mundo moderno.

# Índice

# Introdução

A espectroquímica ocupa um lugar fundamental nas ciências físicas e químicas, oferecendo ferramentas valiosas para explorar a estrutura e as interacções das moléculas a nível atómico e molecular. Este domínio interdisciplinar combina os princípios da química quântica e da espetroscopia para estudar a forma como a luz interage com a matéria, fornecendo informações cruciais sobre a composição, a estrutura e as propriedades dos materiais.

## Definição e importância nas ciências físicas e químicas

A espectroquímica pode ser definida como o estudo das interacções entre a luz electromagnética e a matéria, permitindo sondar as transições energéticas e os estados quânticos dos átomos e das moléculas. Em física, é uma ferramenta essencial para caraterizar as propriedades espectroscópicas das substâncias, enquanto em química é indispensável para compreender a química das reacções, a estrutura molecular e as ligações químicas.

## Panorâmica das técnicas espectroscópicas modernas :

As técnicas espectroscópicas modernas abrangem uma vasta gama de métodos experimentais e teóricos, cada um adaptado a aspectos específicos da análise molecular. Estas incluem a espetroscopia vibracional (IV), que analisa as vibrações moleculares; a espetroscopia rotacional (micro-ondas), que estuda a rotação das moléculas; a espetroscopia eletrónica (UV-Vis), que examina as transições electrónicas; e técnicas avançadas como a espetroscopia de RMN e a espetroscopia de massa, utilizadas para a análise estrutural e a caraterização dos materiais.

**Objectivos e estrutura do livro :**

Este livro tem como objetivo explorar em profundidade a teoria e as aplicações práticas da espectroquímica, com ênfase na integração da teoria de grupos com a equação de Schrödinger. Cada capítulo abordará um aspeto específico da espectroquímica, começando pelos fundamentos teóricos e evoluindo até às aplicações práticas em diferentes domínios científicos e tecnológicos. O objetivo é fornecer aos leitores uma compreensão completa dos princípios subjacentes e as ferramentas práticas necessárias para dominar a espectroquímica moderna.

Esta introdução estabelece as bases para um estudo aprofundado das interacções luz-matéria e dos métodos analíticos avançados utilizados na espectroquímica, ao mesmo tempo que realça a importância deste domínio na investigação científica e na indústria.

# Capítulo 1: Bases teóricas da espectroquímica

## Fundamentos da mecânica quântica

A mecânica quântica é a base teórica em que assenta a espectroquímica moderna. No centro desta teoria está a equação de Schrödinger, que descreve a evolução das funções de onda dos sistemas quânticos. Esta equação fundamental integra os conceitos de partículas quânticas e as suas interacções, fornecendo uma descrição matemática precisa dos estados quânticos e das energias que lhes estão associadas.

A aplicação da equação de Schrödinger a sistemas moleculares simples permite-nos modelar o seu comportamento energético e estrutural. Por exemplo, para um átomo de hidrogénio, a equação de Schrödinger prevê os níveis discretos de energia das orbitais atómicas, bem como as probabilidades de localização dos electrões em torno do núcleo. Esta abordagem teórica fornece a base para a compreensão dos fenómenos observados em espetroscopia, como as transições electrónicas e as interacções luz-matéria.

## Teoria dos grupos

A teoria dos grupos desempenha um papel central na espectroquímica, permitindo a análise sistemática das simetrias moleculares e das transições espectroscópicas. Os grupos simétricos, como os grupos duplos, são ferramentas matemáticas poderosas para descrever as simetrias e as propriedades dos sistemas moleculares.

Uma introdução à teoria dos grupos, um domínio matemático muito rico, revela como os elementos de simetria de uma molécula podem ser classificados e explorados para interpretar os seus espectros. Por exemplo, as operações de simetria de uma molécula podem ser representadas por matrizes de grupo, o que permite prever as regras de seleção nos espectros de absorção e emissão. Esta abordagem teórica é essencial para distinguir entre transições permitidas, que respeitam as regras de simetria, e transições proibidas, que as violam.

Exemplos concretos da utilização de grupos de simetria ilustram a sua aplicação na análise espetral. Ao estudar as vibrações moleculares, por exemplo, as simetrias dos modos normais podem ser determinadas a partir de representações do grupo de simetria molecular, facilitando a interpretação dos espectros de infravermelhos. Do mesmo modo, no caso das moléculas poliatómicas, a utilização da teoria dos grupos permite prever e analisar com maior precisão os espectros rotacionais e vibracionais.

Em resumo, este primeiro capítulo estabelece as bases teóricas essenciais para a compreensão da espectroquímica. Ao combinar a mecânica quântica com a teoria de grupos, fornece um quadro robusto para a análise e interpretação dos fenómenos espectroscópicos observados, lançando as bases para uma maior exploração das aplicações práticas da espectroquímica moderna.

**Aplicação da teoria de grupos à equação de Schrödinger para o átomo de hidrogénio:**

A equação de Schrödinger é o pilar da mecânica quântica não relativista, descrevendo a evolução das funções de onda dos sistemas quânticos. Para o átomo de hidrogénio, esta equação pode ser resolvida exatamente graças às simetrias associadas ao grupo SO(3), que representa rotações no espaço tridimensional. Com isto em mente, exploramos a forma como a teoria de grupos facilita a análise e a solução da equação de Schrödinger para este exemplo emblemático.

### 1. Equação de Schrödinger para o átomo de hidrogénio :

O átomo de hidrogénio é um sistema quântico simples mas fundamental, constituído por um protão com carga positiva e um eletrão a orbitar à sua volta. A equação de Schrödinger não relativista para este sistema é dada por :

$$^{22}{}_0{}^2\left( \left(-2m/\hbar\right)\nabla - \left(4\pi\epsilon / r\right)e \right)\psi(r) = E\psi(r)$$

$\psi(r)$ é a função de onda, dependente da posição $r$.

- $^2\nabla$ é o operador Laplaciano, que representa o Laplaciano do campo escalar $\psi$.

- mmm é a massa do eletrão.
- $\hbar$ é a constante reduzida de Planck.
- e é a carga do eletrão.
- $^0\epsilon$ é a permissividade do vácuo.
- r é a distância radial.
- E é a energia total do eletrão.

## 2. Simetria e grupos de simetria :

O átomo de hidrogénio tem uma simetria esférica, o que significa que as suas propriedades físicas são invariantes em relação às rotações no espaço. Esta simetria é representada matematicamente pelo grupo SO(3), cujos elementos são rotações em torno da origem.

## 3. Representações do grupo SO(3):

As soluções para a equação de Schrödinger podem ser classificadas de acordo com as representações irredutíveis do grupo SO(3). Estas representações descrevem a forma como as funções de onda se alteram sob a ação de rotações no espaço tridimensional. Em termos físicos, caracterizam os estados quânticos em termos do seu momento angular orbital e da sua simetria sob a ação de rotações.

## 4. Resolução da equação de Schrödinger :

Utilizando as propriedades do grupo SO(3), é possível expressar as funções de onda $\psi(r)$ e as energias E dos níveis quânticos do átomo de hidrogénio. Os estados ligados do átomo, tais como as orbitais s,p,d, correspondem a diferentes representações do grupo SO(3). Por exemplo, a orbital s é esfericamente simétrica (representação trivial), enquanto as orbitais ppp são axialmente simétricas.

## 5. Desenvolvimento de funções de onda :

As funções de onda do átomo de hidrogénio podem ser desenvolvidas em termos de coordenadas esféricas, reflectindo a simetria esférica do átomo. Os harmónicos esféricos e os polinómios de Laguerre são soluções específicas da equação de Schrödinger para o átomo de hidrogénio, derivadas diretamente das propriedades do grupo SO(3).

Em conclusão, a teoria de grupos, em particular o grupo SO(3) de rotações no espaço tridimensional, desempenha um papel crucial na análise e solução da equação de Schrödinger para o átomo de hidrogénio. Esta abordagem permite classificar os estados quânticos de acordo com a sua simetria, facilitando assim a previsão e interpretação de propriedades espectroscópicas observáveis, tais como as regras de seleção para transições energéticas. Uma compreensão aprofundada destes conceitos é essencial para aplicações em física atómica, química e espectroscópica.

# Capítulo 2: Espectroscopia molecular

## Espectroscopia vibracional

A espetroscopia vibracional, particularmente no infravermelho (IR), é um método poderoso para estudar as vibrações moleculares. Baseia-se no princípio da absorção de energia por uma molécula quando esta passa de um estado vibracional para outro. [-1]A energia absorvida corresponde à diferença de energia entre estes estados, e é normalmente medida em cm (número de onda).

A equação fundamental utilizada para descrever a interação da luz e da matéria na espetroscopia de IV baseia-se na lei de Beer-Lambert:

**$A=\epsilon cl$**

Onde:

- A é a absorvância,

- $\epsilon$ é o coeficiente de absorção molar,

- c é a concentração da amostra,

- l é a espessura do percurso ótico.

Esta relação quantifica a intensidade da absorção em função da concentração da amostra e da espessura da célula.

**Exemplo de aplicação:**

A espetroscopia de IV tem uma vasta aplicação na identificação de ligações e conformações moleculares. Por exemplo, é crucial no estudo de polímeros para determinar as suas estruturas químicas específicas e monitorizar as reacções de polimerização. Em biologia, é utilizada para analisar as estruturas das proteínas e as interacções moleculares. Em química ambiental, é utilizada para monitorizar os níveis de poluentes no ar e na água, graças à especificidade das assinaturas espectrais.

**Espectroscopia de rotação :**

A espetroscopia rotacional, principalmente no micro-ondas, centra-se no estudo das transições de energia devidas à rotação das moléculas. Esta técnica é particularmente sensível aos momentos de dipolo molecular e às estruturas moleculares assimétricas.

A energia de rotação EJ de uma molécula diatómica pode ser aproximada pela expressão :

$$J^2E = J(J+1)\,\hbar\,/2I$$

Onde:

- J é o número quântico de rotação,

- $\hbar$ é a constante reduzida de Planck,

- I é o momento de inércia da molécula.

Esta fórmula ilustra como a energia rotacional depende do número quântico J e do momento de inércia da molécula.

**Exemplo de aplicação:**

[24]Na espectroquímica ambiental, a espetroscopia de micro-ondas rotacional é utilizada para identificar e quantificar gases atmosféricos como o dióxido de carbono (CO ) e o metano (CH ). Estas moléculas têm transições rotacionais distintas que são específicas das suas estruturas moleculares. Na indústria, esta técnica é também utilizada para monitorizar processos e reacções químicas na fase gasosa, onde a deteção precisa de componentes é essencial.

Em conclusão, este capítulo realça a importância crucial da espetroscopia vibracional e rotacional na análise das propriedades moleculares. Estas técnicas fornecem informações precisas sobre estruturas moleculares, conformações e interacções, desempenhando um papel central em vários domínios científicos e tecnológicos, desde a investigação fundamental até às aplicações industriais.

# Capítulo 3: Espectroscopia de electrões

## Espectroscopia UV-Vis

A espetroscopia UV-Vis (ultravioleta-visível) é um método fundamental para estudar as transições electrónicas em compostos químicos. Baseia-se na absorção de luz pelos electrões de uma molécula, induzindo transições entre diferentes níveis de energia eletrónica.

## Teoria de base :

A interação luz-matéria na espetroscopia UV-Vis é descrita pela lei de Beer-Lambert, que quantifica a absorvância A em função da concentração da amostra ccc, da espessura da célula l e do coeficiente de absorção molar $\epsilon$:

$$A=\epsilon\cdot c\cdot l$$

As transições electrónicas observadas são geralmente classificadas em três tipos principais: transições $\pi$-$\pi^*$ (estrela pi para pi), n-$\pi^*$ (estrela não-ligante para pi) e $\sigma$-$\sigma^*$ (estrela sigma para sigma), correspondendo cada uma delas a energias de absorção específicas na região UV-Vis do espetro eletromagnético.

## Exemplo de aplicação:

Em química orgânica, a espetroscopia UV-Vis é crucial para a caraterização de compostos orgânicos, tais como corantes, polímeros e compostos aromáticos. Por exemplo, a presença de ligações insaturadas (ligações duplas ou triplas) numa molécula pode ser detectada através da observação de transições $\pi$-$\pi^*$ no espetro UV-Vis.

Em química inorgânica, esta técnica é utilizada para analisar complexos metálicos e compostos de elementos de transição, onde as transições dos electrões d e f são frequentemente observadas na região UV-Vis.

**Espectroscopia de fluorescência**

A espetroscopia de fluorescência é uma técnica complementar à espetroscopia UV-Vis, que explora as propriedades emissoras de luz das moléculas depois de estas terem sido excitadas por uma fonte de luz externa. Baseia-se no fenómeno de relaxação não radiativa dos electrões excitados, que regressam ao seu estado fundamental emitindo luz com um comprimento de onda superior ao absorvido.

**Princípios básicos :**

A intensidade de fluorescência I é proporcional à concentração da amostra c, ao rendimento quântico de fluorescência $\Phi$ e à absorção ótica A :

$$I = \Phi \cdot A \cdot c$$

As moléculas fluorescentes têm estruturas químicas específicas que favorecem a relaxação radiativa dos electrões excitados, conduzindo a espectros de fluorescência característicos com picos de emissão distintos.

**Exemplo de aplicação:**

Em biologia, a espetroscopia de fluorescência é utilizada para estudar a estrutura e a dinâmica das proteínas, bem como as interacções moleculares nas células vivas. Por exemplo, os fluoróforos, como a fluoresceína, são amplamente utilizados para marcar biomoléculas específicas e seguir a sua localização e movimento em sistemas biológicos.

Na ciência dos materiais, esta técnica é aplicada para caraterizar as propriedades ópticas e estruturais de materiais como polímeros luminescentes e nanopartículas fluorescentes, fornecendo informações valiosas sobre a sua composição e comportamento em diferentes ambientes.

Em conclusão, este capítulo salienta a importância fundamental da espetroscopia eletrónica, em particular da espetroscopia UV-Vis e da espetroscopia de fluorescência, na caraterização das propriedades electrónicas e luminescentes das moléculas e dos materiais. Estas técnicas desempenham um papel essencial em muitos domínios científicos, desde a química e a biologia até à ciência e tecnologia dos materiais.

## Capítulo 4: Técnicas avançadas de espetroscopia

## Ressonância magnética nuclear (RMN)

A Ressonância Magnética Nuclear (RMN) é uma poderosa técnica espectroscópica utilizada principalmente na química estrutural para estudar a composição e organização molecular das substâncias. Com base nas propriedades magnéticas dos núcleos atómicos, a RMN explora a interação entre o spin nuclear e um campo magnético externo para determinar a estrutura molecular e analisar as interacções químicas.

₀**Princípios fundamentais**: A RMN baseia-se no fenómeno da precessão nuclear, no qual um núcleo atómico com spin diferente de zero reage a um campo magnético externo B oscilando a uma frequência designada por frequência de Larmor. Para um núcleo de spin I, a frequência de Larmor $\omega$ é dada pela equação: $\omega = \gamma B_0$

em que $\gamma$ é o rácio giromagnético do núcleo.

Quando uma radiofrequência (RF) é aplicada à frequência de ressonância $\omega$, os núcleos absorvem energia e emitem sinais que são detectados sob a forma de um espetro de RMN. A intensidade e a posição destes sinais fornecem informações sobre o ambiente químico dos núcleos, incluindo a sua conetividade atómica e dinâmica molecular.

Aplicações: Em química estrutural, a RMN é utilizada para determinar a estrutura tridimensional das moléculas, identificar ligações químicas e estudar interacções moleculares, tais como a associação e dissociação de complexos. É amplamente aplicada na investigação farmacêutica para caraterizar fármacos e na biologia estrutural para estudar proteínas e ácidos nucleicos.

**Espectroscopia de fotoelectrões**

A espetroscopia de fotoelectrões, também conhecida como ESCA (Espectroscopia de Electrões para Análise Química), é uma técnica analítica avançada utilizada principalmente para estudar a composição química de superfícies e materiais. Com base na interação entre a luz dos fotões e os electrões da superfície, este método fornece informações detalhadas sobre a composição elementar e os estados de oxidação dos átomos na superfície das amostras.

**Princípios básicos**: Na espetroscopia de fotoelectrões, os fotões de alta energia hv são dirigidos para a superfície da amostra, provocando a ejeção de electrões de alta energia (fotoelectrões). A energia cinética Ek dos fotoelectrões ejectados é medida para determinar a distribuição dos estados de energia eletrónica na amostra. A relação entre a energia do fotão incidente hv e a energia cinética dos fotoelectrões é utilizada para calcular a função trabalho $\phi$ do material: $hv = Ek + \phi$

**Aplicações**: Esta técnica é amplamente utilizada na indústria de materiais para caraterizar as propriedades da superfície, avaliar a pureza dos materiais e monitorizar os processos de deposição e revestimento. Na investigação académica, a espetroscopia de fotoelectrões é essencial para o estudo de catalisadores, semicondutores, polímeros e superfícies biológicas. Fornece informações cruciais sobre a reatividade química das superfícies e contribui para a otimização de processos industriais e dispositivos tecnológicos.

Em resumo, as técnicas espectroscópicas avançadas, como a RMN e a espetroscopia de fotoelectrões, são ferramentas essenciais para a análise precisa das estruturas moleculares, a caraterização de superfícies e a compreensão das interacções químicas à escala atómica. A sua aplicação numa vasta gama de domínios, da química estrutural à tecnologia dos materiais, atesta a sua importância crescente na investigação científica e na inovação tecnológica.

## Capítulo 5: Aplicações específicas da espectroquímica

A espectroquímica desempenha um papel crucial em vários campos de aplicação, desde o controlo de qualidade industrial até ao estudo de processos atmosféricos. Este capítulo explora a forma como as técnicas espectroscópicas, incluindo a teoria de grupos, interagem de forma inteligente com outros métodos para resolver problemas complexos e variados.

### Espectroscopia na indústria

A espetroscopia é amplamente utilizada na indústria para garantir a qualidade dos produtos e monitorizar os processos ambientais. As técnicas espectroscópicas fornecem informações detalhadas sobre a composição química dos materiais, permitindo uma análise rápida e exacta para ajudar a garantir a conformidade com as normas de qualidade e segurança.

### Exemplo: Controlo de qualidade na indústria farmacêutica

Na indústria farmacêutica, a espetroscopia de infravermelhos (IV) desempenha um papel indispensável no controlo de qualidade de matérias-primas, produtos intermédios e produtos acabados. Esta técnica espectroscópica permite que as amostras sejam analisadas com precisão e de forma não destrutiva, fornecendo informações cruciais sobre a sua composição e estrutura molecular.

A utilização da espetroscopia de IV começa logo após a receção das matérias-primas. Os laboratórios farmacêuticos analisam os espectros de IV para verificar a pureza dos compostos recebidos. Esta etapa é crucial para garantir que os ingredientes activos cumprem as normas de qualidade e estão isentos de contaminantes. Por exemplo, os espectros de IV podem ser utilizados para identificar potenciais impurezas que possam comprometer a segurança e a eficácia dos produtos farmacêuticos.

Durante o processo de fabrico, a espetroscopia de IV é utilizada para monitorizar reacções químicas e avaliar o progresso das reacções de síntese. Os laboratórios podem seguir as alterações moleculares nos produtos intermédios em tempo real, garantindo a consistência e a qualidade ao longo da produção. Por exemplo, ao medir os espectros de IV em diferentes fases da síntese, os cientistas podem detetar qualquer formação inesperada de subprodutos ou alterações estruturais indesejadas.

Para os produtos acabados, a espetroscopia de IV é utilizada para caraterizar e validar a sua composição química. Os espectros de IV servem como uma assinatura molecular única que permite que os produtos acabados sejam comparados com as especificações do projeto. Isto garante que os medicamentos produzidos cumprem as normas regulamentares e os requisitos de qualidade, minimizando os riscos para os consumidores e garantindo a sua eficácia terapêutica.

Em resumo, a espetroscopia de infravermelhos é uma tecnologia essencial na indústria farmacêutica, ajudando a garantir a qualidade, segurança e eficácia dos medicamentos. A sua integração nos processos de controlo de qualidade permite aos laboratórios farmacêuticos detetar rapidamente variações e contaminantes, garantindo uma produção farmacêutica fiável e em conformidade com normas regulamentares rigorosas.

## Aplicações de química atmosférica

As técnicas espectroscópicas desempenham um papel crucial na compreensão dos processos atmosféricos e no controlo da poluição. Permitem analisar as interacções complexas entre os compostos químicos presentes na atmosfera e a luz incidente, fornecendo dados essenciais sobre as concentrações de poluentes e o seu impacto ambiental.

A espetroscopia, nomeadamente a espetroscopia de ressonância magnética nuclear (RMN), a espetroscopia de infravermelhos (IV) e a espetroscopia UV-Vis, utiliza a teoria dos grupos para interpretar os espectros obtidos. Esta teoria é utilizada para analisar as simetrias moleculares dos compostos atmosféricos e para prever as transições espectroscópicas observadas. Permite, por exemplo, identificar as espécies químicas presentes no ar, quantificar as suas concentrações e controlar a sua reatividade química na atmosfera.

Na química atmosférica, a espetroscopia é utilizada para estudar os mecanismos de formação e destruição dos poluentes atmosféricos, como os óxidos de azoto (NOx), os compostos orgânicos voláteis (COV) e as partículas finas. Também ajuda a avaliar a eficácia das estratégias de redução das emissões e a monitorizar as alterações dos níveis de poluição em ambientes urbanos e rurais.

Por exemplo, utilizando a espetroscopia de IV, os investigadores podem detetar e quantificar poluentes atmosféricos como o dióxido de carbono ($CO_2$), o monóxido de carbono (CO) e os hidrocarbonetos aromáticos policíclicos (HAP). As transições espectroscópicas observadas são analisadas de acordo com as regras de seleção ditadas pela teoria dos grupos, permitindo a identificação precisa das espécies químicas e a avaliação do seu impacto ambiental.

Em resumo, a aplicação da teoria de grupos às técnicas espectroscópicas em química atmosférica permite não só analisar espectros e interpretar dados experimentais, mas também resolver problemas complexos relacionados com a composição química da atmosfera e a poluição ambiental. Esta abordagem integrada é essencial para uma gestão eficaz da qualidade do ar e para apoiar os esforços globais de sustentabilidade ambiental.

**Exemplo: Monitorização dos gases com efeito de estufa**

A espetroscopia de alta resolução, como a espetroscopia de fotoelectrões de raios X (XPS), é utilizada para estudar as interacções dos gases com efeito de estufa, como o dióxido de carbono ($CO_2$), com as superfícies da Terra. Ao medir os espectros XPS de amostras do solo e da atmosfera, os investigadores podem determinar a forma como estes gases interagem com os materiais ambientais e influenciam o clima global. Este conhecimento é essencial para avaliar o impacto das actividades humanas nas alterações climáticas e desenvolver estratégias eficazes para reduzir as emissões.

**Integração da teoria de grupos com outras técnicas espectroscópicas :**

A teoria de grupos é uma ferramenta essencial na espectroquímica, oferecendo uma abordagem sistemática para compreender as propriedades das moléculas com base nas suas simetrias e permitindo a previsão das transições espectroscópicas observadas. Esta teoria integra-se significativamente com outras técnicas espectroscópicas, fornecendo um quadro matemático robusto para interpretar dados experimentais e compreender interacções moleculares complexas.

No contexto da espetroscopia Raman, por exemplo, a teoria de grupos ajuda a determinar que transições vibracionais são permitidas ou proibidas de acordo com as regras de seleção de Laporte. Estas regras estipulam que as transições Raman são permitidas se envolverem uma mudança de paridade, ou seja, uma diferença de simetria entre os estados inicial e final da molécula. As representações do grupo de simetria da molécula permitem prever estas transições, identificando as simetrias dos estados quânticos envolvidos nos processos de transição.

Para resolver estes problemas em mecânica quântica, é frequentemente necessário um software de modelação complexo. Estas ferramentas informáticas utilizam os princípios da teoria dos grupos para calcular os espectros vibracionais e prever as transições espectroscópicas com maior precisão. Podem ser utilizados para simular numericamente o comportamento molecular e para comparar os resultados dos modelos teóricos com os dados experimentais obtidos por espetroscopia Raman.

**A aplicação da teoria de grupos não se limita à espetroscopia Raman:**

É também crucial na espetroscopia de infravermelhos (IV), espetroscopia UV-Vis, espetroscopia de fluorescência e outras técnicas. Em cada caso, ajuda a interpretar os espectros em termos de simetrias moleculares, facilitando a compreensão das estruturas moleculares e das suas interacções.

Em conclusão, a integração da teoria de grupos com outras técnicas espectroscópicas permite uma análise mais aprofundada e precisa das propriedades moleculares. Esta abordagem multidisciplinar é essencial para a resolução de problemas complexos em espectroquímica e abre novas perspectivas para a investigação fundamental e aplicada em muitos domínios científicos e tecnológicos.

**Exemplo de integração: espetroscopia Raman e teoria de grupos**

Na espetroscopia Raman, as moléculas reagem à luz incidente alterando a sua polarizabilidade, dando origem a espectros característicos que reflectem os modos de vibração molecular. A teoria de grupos desempenha um papel crucial na análise e interpretação destes espectros, fornecendo um quadro matemático para compreender as simetrias moleculares e prever as transições permitidas.

Os espectros Raman mostram picos em frequências específicas correspondentes aos modos normais de vibração da molécula. Estes modos são classificados de acordo com as suas simetrias no grupo de simetria da molécula, determinado pela sua estrutura e configuração atómica. Por exemplo, uma molécula com simetria axial pode ter modos de vibração que respeitam esta simetria, tais como modos de torção ou deformação axial.

A teoria dos grupos permite calcular e prever com exatidão estes modos vibracionais, identificando as representações dos grupos de simetria que caracterizam cada modo. As simetrias dos estados inicial e final envolvidos nas transições Raman determinam a permissividade destas transições, ou seja, se são permitidas ou proibidas de acordo com as regras de seleção. Por exemplo, uma transição Raman é permitida se preservar a simetria global da molécula, ao passo que é proibida se violar essa simetria.

Esta abordagem teórica permite atribuir com precisão os picos espectrais observados nas experiências Raman a modos vibracionais específicos da molécula em estudo. Por conseguinte, reforça a validade dos dados experimentais e facilita a sua interpretação em vários domínios científicos e tecnológicos. Na investigação fundamental, ajuda a compreender as propriedades estruturais e dinâmicas das moléculas, enquanto nas aplicações industriais, apoia o desenvolvimento de novos materiais e produtos químicos, assegurando um controlo de qualidade rigoroso e uma caraterização precisa dos compostos.

Em conclusão, este capítulo destaca a versatilidade e o poder das técnicas espectroscópicas, apoiadas pela teoria de grupos, em domínios tão diversos como a indústria e a química atmosférica. Estes métodos não só melhoram a nossa compreensão dos processos químicos e ambientais, como também facilitam o desenvolvimento de soluções inovadoras para os desafios contemporâneos relacionados com a qualidade, o ambiente e a sustentabilidade.

## Capítulo 6: Perspectivas futuras e progressos

A espetroscopia, através das suas muitas aplicações e avanços, beneficia grandemente da integração da teoria dos grupos. Este capítulo explora a forma como esta teoria continua a desempenhar um papel crucial na evolução e inovação das técnicas espectroscópicas, ao mesmo tempo que tem um impacto significativo em vários domínios científicos e tecnológicos.

**Novos desenvolvimentos em espetroscopia :**

Os progressos recentes no domínio da espetroscopia estão estreitamente ligados aos fundamentos teóricos fornecidos pela teoria dos grupos. Eis como esta teoria enriquece e apoia os avanços tecnológicos:

- Espectroscopia de alta resolução: A teoria de grupo permite prever e interpretar com precisão os modos vibracionais e as transições electrónicas observadas em alta resolução, facilitando a resolução dos espectros e a caraterização fina das amostras.

- Espectroscopia multidimensional: Ao integrar a teoria dos grupos, torna-se possível explorar as interacções moleculares em várias dimensões (tempo, frequência, espaço), oferecendo uma visão detalhada dos processos dinâmicos e dos estados quânticos complexos.

- Espectroscopia combinada: A utilização simultânea de diferentes técnicas espectroscópicas é optimizada pela aplicação de regras de seleção baseadas em simetrias moleculares determinadas pela teoria de grupos. Isto permite uma análise completa das amostras, explorando as complementaridades dos métodos IR, Raman, NMR e outros.

- Sensores espectroscópicos miniaturizados: A miniaturização dos sensores espectroscópicos beneficia dos avanços teóricos realizados pelos grupos, facilitando a sua integração em dispositivos portáteis e ambientes limitados, preservando simultaneamente a sua capacidade de fornecer informações espectroscópicas exactas.

**Implicações para a investigação e a indústria**

A teoria de grupos não só enriquece as técnicas espectroscópicas avançadas, como também tem um impacto significativo em vários domínios de aplicação:

- Medicina e biologia: Ao permitir a análise precisa de estruturas moleculares complexas, a teoria de grupos apoia o desenvolvimento de diagnósticos biomédicos avançados e de terapias personalizadas baseadas na caraterização espectroscópica de biomoléculas.

- Materiais e nanotecnologias: A otimização de materiais e nanoestruturas é facilitada pela teoria de grupos, que orienta a conceção de materiais funcionais com propriedades específicas adaptadas a aplicações tecnológicas, como a eletrónica, os catalisadores e os dispositivos ópticos.

- Sustentabilidade ambiental: A espetroscopia, orientada pela teoria dos grupos, contribui para a monitorização exacta dos poluentes atmosféricos e para a compreensão dos processos biogeoquímicos, apoiando as iniciativas de sustentabilidade ambiental e a luta contra as alterações climáticas.

- Segurança alimentar e agrícola: A análise espectroscópica, reforçada pela teoria dos grupos, é crucial para identificar contaminantes alimentares, monitorizar resíduos de pesticidas e avaliar as propriedades nutricionais dos alimentos, contribuindo assim para a segurança alimentar global.

Em conclusão, a teoria de grupos continua a desempenhar um papel essencial na evolução e aplicação de técnicas espectroscópicas avançadas. Ao integrar estes fundamentos teóricos na investigação e na indústria, a espectroquímica não só alarga as fronteiras do conhecimento científico, como também apoia as inovações tecnológicas cruciais para resolver os desafios complexos do nosso tempo.

## Conclusão

A espectroquímica, enquanto domínio interdisciplinar crucial, baseia-se em avanços teóricos e aplicações práticas que moldaram a nossa compreensão dos sistemas moleculares a um nível fundamental. Esta viagem através dos vários capítulos deste livro realçou a importância de técnicas sofisticadas como a espetroscopia de infravermelhos, a espetroscopia Raman, a espetroscopia UV-Vis, a RMN e muitas outras, em domínios que vão da química atmosférica à indústria farmacêutica.

Na nossa exploração, a teoria de grupos provou ser uma ferramenta matemática essencial para classificar os estados quânticos e prever transições espectroscópicas em função das simetrias moleculares. Oferece uma abordagem sistemática para interpretar os resultados experimentais e compreender as interacções complexas no interior das moléculas. Por exemplo, pode ser utilizada para determinar os modos normais de vibração nos espectros IR e Raman, e para prever as transições permitidas de acordo com as regras de seleção.

Olhando para o futuro, a espectroquímica continua a desempenhar um papel central no desenvolvimento de novas tecnologias e na resolução de desafios científicos. As técnicas espectroscópicas estão a evoluir com o aparecimento de novos instrumentos e métodos analíticos, permitindo uma resolução cada vez mais fina das estruturas moleculares e uma deteção mais precisa de compostos em matrizes complexas. As perspectivas futuras incluem a exploração de áreas emergentes, como a espetroscopia quântica, a espetroscopia de alta resolução espacial e a integração com outras técnicas, como a microscopia e a modelização informática avançada.

Em conclusão, a espectroquímica continua a ser um domínio dinâmico e fértil para a investigação científica e a inovação tecnológica. Não só oferece ferramentas poderosas para explorar o mundo molecular de diferentes ângulos, como também contribui significativamente para aplicações práticas que vão desde a medicina ao ambiente, garantindo um impacto duradouro na nossa sociedade e na nossa compreensão do mundo que nos rodeia.

<h1 style="text-align:center">Lista de símbolos e abreviaturas</h1>

Espectroquímica: Estudo das interacções entre a luz e a matéria, permitindo a análise das transições de energia e das propriedades moleculares.

Mecânica quântica: Teoria física que descreve o comportamento das partículas subatómicas utilizando a equação de Schrödinger.

Equação de Schrödinger: Equação fundamental da mecânica quântica que descreve a evolução temporal das funções de onda de sistemas quânticos.

Grupos simétricos: Conjuntos de transformações que preservam as propriedades de simetria de um sistema molecular.

Espectros moleculares: Gráficos que representam a intensidade da luz absorvida ou emitida por uma molécula em diferentes comprimentos de onda, revelando transições electrónicas, vibracionais e rotacionais.

Espectroscopia vibracional: Técnica de estudo das vibrações moleculares através da medição da absorção ou emissão de energia na gama do infravermelho.

Espectroscopia rotacional: Método analítico que analisa as transições de energia devidas à rotação de moléculas, normalmente na gama das micro-ondas.

Espectroscopia eletrónica: Estudo das transições de energia associadas aos electrões em orbitais atómicas ou moleculares, frequentemente na gama UV-visível.

Ressonância Magnética Nuclear (RMN): Técnica espectroscópica baseada na interação de núcleos atómicos com um campo magnético, utilizada para determinar a estrutura molecular.

Teoria dos grupos: Ramo da matemática que estuda as propriedades dos conjuntos de transformações (grupos), aplicado na espectroquímica para classificar as simetrias moleculares e prever as propriedades espectrais.

Absorvância: Medida da absorção da luz por uma substância, frequentemente utilizada em espetroscopia para quantificar a interação luz-matéria.

Coeficiente de absorção molar ($\varepsilon$) : Constante que representa a capacidade de uma substância para absorver luz num determinado comprimento de onda, correlacionada com a sua concentração.

Momento de dipolo: Medida da distribuição de cargas eléctricas numa molécula, que influencia as suas propriedades rotacionais e interacções com campos eléctricos externos.

$^{-1}$Número de onda (cm ): Unidade em espetroscopia que exprime a frequência das vibrações moleculares, inversamente proporcional ao comprimento de onda da luz.

Lei de Beer-Lambert: Relação que descreve a absorção da luz por uma solução em função da concentração da substância, da espessura da célula e do coeficiente de absorção molar.

$_j$Energia rotacional (E ): Energia associada às transições quânticas rotacionais de uma molécula, determinada pelo seu número quântico rotacional e momento de inércia.

Harmónicos esféricos: Soluções da equação de Schrödinger para sistemas com simetria esférica, utilizadas para descrever orbitais de electrões em torno do núcleo atómico.

Polinómios de Laguerre: Funções matemáticas utilizadas para resolver a equação radial de Schrödinger para os átomos, que descreve a distribuição radial da probabilidade da presença de um eletrão.

Transições electrónicas: Passagem de um eletrão de um nível de energia para outro, frequentemente observada em espetroscopia eletrónica.

Energia de transição: Energia necessária para que um eletrão faça a transição de um estado quântico para outro.

Fluorescência: Emissão de luz por uma substância após ter sido excitada por uma fonte de luz externa.

Rendimento quântico de fluorescência: Relação entre o número de fotões emitidos e o número de fotões absorvidos durante o processo de fluorescência.

Momento de dipolo: Medida da separação de cargas numa molécula, que influencia a intensidade das transições rotacionais na espetroscopia de micro-ondas.

Química estrutural: Ramo da química que estuda a estrutura das moléculas, incluindo a geometria molecular, as ligações químicas e a disposição espacial dos átomos.

Amostra: Substância ou material recolhido para análise ou experimentação, a fim de representar uma população maior.

Electrões : Partículas subatómicas de carga negativa presentes nos átomos e envolvidas em ligações e reacções químicas.

Frequência de Larmor: Frequência a que um núcleo atómico em precessão num campo magnético externo emite ou absorve energia.

Momento de dipolo: Vetor que mede a separação de cargas numa molécula e que influencia a sua interação com um campo elétrico ou magnético externo.

Fotoelectrões: Electrões ejectados de um material sob o efeito de luz incidente de alta energia (fotões).

Fotão: Partícula elementar da luz, que transporta uma quantidade discreta de energia electromagnética.

Precessão nuclear: Rotação de um núcleo atómico em torno de um eixo sob o efeito de um campo magnético externo.

Spin nuclear: Propriedade intrínseca dos núcleos atómicos, análoga a um momento angular quantizado.

Espectro de RMN: Diagrama que mostra a intensidade dos sinais de RMN em função da frequência de ressonância dos núcleos atómicos.

Espectroscopia de fotoelectrões: Técnica de análise de superfícies baseada na emissão de fotoelectrões por um material sob o impacto de fotões de alta energia.

Espectroscopia de infravermelhos (IR): Técnica espectroscópica para estudar as vibrações moleculares dos compostos, medindo a absorção de luz infravermelha pelas ligações químicas numa molécula.

Espectro de IV: Representação gráfica da absorção de luz infravermelha por uma substância em função do comprimento de onda ou número de onda, correspondendo cada pico a uma vibração específica de ligações moleculares.

Impurezas: Substâncias não desejadas num material ou produto que podem comprometer a sua qualidade ou segurança.

Reacções químicas: Processo em que substâncias (reagentes) sofrem transformações químicas para formar novas substâncias (produtos).

Normas de qualidade: Critérios estabelecidos para garantir que os produtos satisfazem os requisitos especificados em termos de pureza, segurança e eficácia.

Contaminantes : Substâncias indesejáveis introduzidas acidentalmente ou intencionalmente num material ou produto, frequentemente em quantidades mínimas.

# Referências

Atkins, P., & de Paula, J. (2010). Atkins' Physical Chemistry. Oxford University Press.

Hollas, J. M. (2004). Modern Spectroscopy (4ª ed.). John Wiley & Sons.

Silverstein, R. M., Webster, F. X., & Kiemle, D. J. (2004). Spectrometric Identification of Organic Compounds (7ª ed.). John Wiley & Sons.

Stuart, B. (2004). Infrared Spectroscopy: Fundamentals and Applications (Espectroscopia de Infravermelhos: Fundamentos e Aplicações). John Wiley & Sons.

Pavia, D. L., Lampman, G. M., Kriz, G. S., & Vyvyan, J. R. (2008). Introdução à Espectroscopia (4ª ed.). Cengage Learning.

Atkins, P., & Friedman, R. (2010). Molecular Quantum Mechanics. Oxford University Press.

Herzberg, G. (1989). Espectros moleculares e estrutura molecular: I. Espectros de moléculas diatómicas. Dover Publications.

Nakamoto, K. (2009). Espectro Infravermelho e Raman de Compostos Inorgânicos e de Coordenação: Parte A: Teoria e Aplicações em Química Inorgânica. John Wiley & Sons.

Levine, I. N. (2009). Química Quântica (6ª ed.). Pearson Prentice Hall.

Jensen, P. (2007). Introdução à Química Computacional (2ª ed.). John Wiley & Sons.

Skoog, D. A., Holler, F. J., & Crouch, S. R. (2017). Princípios de Análise Instrumental (7ª ed.). Cengage Learning.

Banwell, C. N., & McCash, E. M. (1994). Fundamentals of Molecular Spectroscopy (4ª ed.). McGraw-Hill.

Griffiths, P. R., & de Haseth, J. A. (2007). Fourier Transform Infrared Spectrometry (2ª ed.). John Wiley & Sons.

Keeler, J. (2010). Understanding NMR Spectroscopy (2ª ed.). Wiley.

Brundle, C. R., & Baker, A. D. (1978). Introduction to Electron Spectroscopy. Academic Press.

Lindner, E., & Prigogine, I. (1961). Thermodynamics and Statistical Mechanics (Termodinâmica e Mecânica Estatística). Wiley.

Smith, B. C. (1999). Fundamentals of Fourier Transform Infrared Spectroscopy (2ª ed.). CRC Press.

Workman Jr, J., & Weyer, L. (2007). Practical Guide to Interpretive Near-Infrared Spectroscopy (Guia prático para interpretação da espetroscopia de infravermelho próximo). CRC Press.

Laboratório de Controlo de Qualidade Farmacêutico (2020). Manual de Excipientes Farmacêuticos. Pharmaceutical Press.

Herriott, D., & Hochstrasser, R. M. (Eds.). (1999). Infrared and Raman Spectroscopy of Biological Materials (Espectroscopia de Infravermelhos e Raman de Materiais Biológicos). Marcel Dekker, Inc.arcel Dekker, Inc.

# yes I want morebooks!

Buy your books fast and straightforward online - at one of world's fastest growing online book stores! Environmentally sound due to Print-on-Demand technologies.

Buy your books online at
**www.morebooks.shop**

Compre os seus livros mais rápido e diretamente na internet, em uma das livrarias on-line com o maior crescimento no mundo! Produção que protege o meio ambiente através das tecnologias de impressão sob demanda.

Compre os seus livros on-line em
**www.morebooks.shop**

info@omniscriptum.com
www.omniscriptum.com

Printed by Books on Demand GmbH, Norderstedt / Germany